PRÖHL · NILL · ZIEGLER

— COOLE KÄUZE

TORSTEN PRÖHL
DIETMAR NILL
BERNHARD ZIEGLER

COOLE KÄUZE

DIE VERBORGENE WELT DER BESONDEREN EULEN

KOSMOS

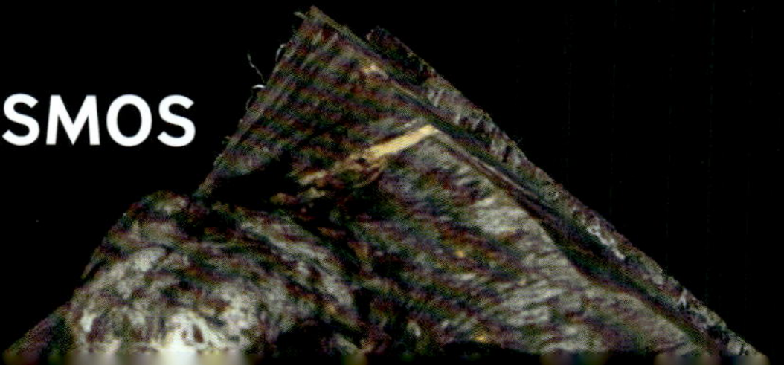

INHALT

VOM KOMISCHEN KAUZ ZUM VOGEL DES JAHRES

Begegnungen mit Käuzen gehören zu den eindrucksvollsten und schönsten Erinnerungen in unserem Leben. Immer haftet diesen Bildern etwas Besonderes, manchmal sogar Magisches, an. Liegt es daran, dass wir dafür – auch schon als Jugendliche – unsere gewohnte Zeit und unser gewohntes Umfeld verlassen haben und bei sinkender Nacht einsam und allein im Wald einen Vogel beobachteten, der tagsüber und in unserem örtlichen Umfeld nur sehr selten zu entdecken ist? Zudem war es dabei meistens auch noch unbequem: Im Unterholz hocken, sich nicht rühren dürfen, während einem die Mücken die Arme zerstechen und die Ameisen die Beine hochkrabbeln. Alles zweitrangig in dem Augenblick, wenn der Kauzvater mit einer Maus im Schnabel den Brutplatz ansteuert, wenn ein Pärchen, in der Dämmerung längst nur noch als Silhouetten erkennbar, zärtlich auf einem Ast schmust oder wenn die Jungen mit urkomischen akrobatischen Kunststückchen das Fliegen üben. Mutter und Vater sehen dabei kritisch zu, stopfen gelegentlich einem Ermatteten eine halbe Maus in den Schnabel und enthalten sich ansonsten jeder Hilfeleistung.

Später bewegten uns andere Dinge. Das Engagement im Naturschutz führte oft drastisch vor Augen, wie es um die Bestände der bewunderten besonderen Eulen bestellt war. Klimawandel und Veränderungen unserer Natur machen ihnen zunehmend zu schaffen. Käuze, die wir noch bei einem Spaziergang in den nahen Wald beobachten konnten, sind aus diesen Wäldern verschwunden. Oft müssen wir weite Reisen unternehmen, um endlich einen Kauz zu Gesicht zu bekommen.

Die Balz ist zu Ende, die Familiengründung steht auf dem Programm.

Inzwischen hat die Notlage des einen oder anderen Kauzes zahlreiche Helfer auf den Plan gerufen. Waldreviere werden ausgewiesen, in denen die eine Kauzart wieder ihr Auskommen findet und Junge groß ziehen kann, Nisthilfen werden geschaffen oder einfach aufgehängt, und viele ehrenamtliche Helfer kümmern sich um „ihr" Revier, um vorhandene Bestände zu sichern oder sogar noch zu vergrößern.

Käuze sind Eulen. Diese Differenzierung ist außer im Deutschen in keiner anderen Sprache zu finden und hat auch keine Entsprechung im Sinne einer zoologischen Systematik. Der Begriff Eule wird bei uns für Arten mit einem schlanken Erscheinungsbild verwendet, Kauz bezeichnet dagegen Arten, die eher gedrungen und rundlich wirken. Beide Namen lassen sich auch auf ihre Rufe zurückführen. So weist der Begriff „Eule" auf die heulenden Rufe hin, während „Kauz" eine Umschreibung der kurzen und markanten Rufe dieser Arten ist. Ist die Verwendung der beiden Begriffe mit einer Wertung verbunden, so ist auch diese unterschiedlich. Die Eule gilt in vielen Kulturen – so auch bei uns – als Vogel der Weisheit und klug. In Büchern wird sie oft mit Brille und Buch unter dem Flügel – Symbole besonderer Weisheit – dargestellt. Käuze gelten als unbeholfen, verschroben und eigenbrötlerisch. Unzugängliche, unangepasste Menschen werden daher auch mit den Begriffen „Kauz" beziehungsweise „kauzig" belegt. Aber ausgerechnet der Steinkauz begleitet im antiken Griechenland die Göttin Athene. Dass er zu dieser Ehre kam, dazu hat sicherlich sein ruhiger, aufmerksam nach vorn gerichteter Blick beigetragen.

Eulen sind meist nachtaktiv und perfekt an ihre nächtliche Lebensweise angepasst. Wegen ihrer aufrechten Haltung, den auffällig großen Augen, dem Gesichtsschleier und dem hakenförmigen Schnabel unterscheiden sie sich deutlich von allen anderen Vogelarten. Da sich ihre Lebensweise im Verborgenen abspielt, ranken sich um Eulen und Käuze zahlreiche Aberglauben. So gilt die Eule beispielsweise als Hexenvogel, der für Hexen Botendienste leistet und geheime Nachrichten überbringt. Der Ruf des Waldkauzes hat es als schauriger Ruf in vielen Kriminalfilmen bis nach Hollywood geschafft.

Die meisten Käuze sind nachtaktiv. Trotzdem sind manche Vertreter, wie dieser Habichtskauz, auch tagsüber unterwegs.

Die sechs Kauzarten, die in Europa vorkommen, unterscheiden sich nicht nur in ihrer Größe und in ihrem Aussehen, sondern auch in ihrer Lebensweise und ihrem Verhalten beträchtlich. So haben wir den kleinsten von ihnen, den nur spatzengroßen Sperlingskauz, als possierlichen Draufgänger mit großem Herzen kennengelernt. Den beinahe uhugroßen Bartkauz haben wir als besonders furchtlos und cool erlebt. Die Steinkäuze haben bewiesen, dass sie sich als Eltern aufopfernd um ihren Nachwuchs kümmern und besonders liebevoll und zärtlich sein können. Raufußkäuze sind nicht nur hübsch, sondern halten auch zusammen, wenn es in nahrungsarmen Zeiten um die Versorgung der Jungen geht. Der einst in Deutschland ausgestorbene Habichtskauz hat sich eine zweite Chance redlich verdient und kann über das Auswilderungsprojekt im Bayerischen Wald hoffentlich erfolgreich angesiedelt werden.

Und der mit Abstand häufigste Kauz – der Waldkauz – wurde stellvertretend für alle Eulen – vom NABU im Jahr 2017 zum Vogel des Jahres gekürt. Engagement für den Waldkauz bedeutet Engagement für den Erhalt alter Bäume! Alte Bäume mit natürlichen Höhlen sind nicht nur für diesen Vogel sondern auch für zahlreiche andere Tiere von enormer Bedeutung. Der Waldkauz ist – anders als sein Name vermuten lässt – nicht nur im Wald, sondern auch in Parkanlagen, Gärten und Friedhöfen anzutreffen. Auch diesen wichtigen Baumbestand müssen wir erhalten und schützen.
Mit der Wahl des Waldkauzes zum „Vogel des Jahres" soll die breite Öffentlichkeit auf die Bedürfnisse der Eulen und anderer höhlenbewohnender Tiere aufmerksam gemacht werden.

Wir wollen mit unseren sehr persönlichen Erlebnissen einen Beitrag dazu leisten, dass jenseits aller Sympathie für diese ganz besonderen Eulen, genug für ihren Schutz und den Erhalt ihrer Lebensräume und Bestände getan wird.

STEINKAUZ

DER ZÄRTLICHE

STEINKAUZ

DER ZÄRTLICHE

Steinkäuze kommen in meiner Heimat, am Rande der Schwäbischen Alb, nicht mehr vor. Im strengen Winter der 60er-Jahre sind sie einfach von der Bildfläche verschwunden. Dabei passt diese kleine, hübsche Eulenart als typischer Bewohner der Streuobstwiesen hervorragend in unsere Landschaft. Aber die Winter sind in unserer Gegend auf 500 bis 600 Höhenmeter bereits so streng, dass der wärmeliebende Steinkauz bei längerer Schneelage große Probleme bekommt, satt zu werden. Schon seit meiner Kindheit habe ich künstliche Nisthilfen für den Steinkauz gebastelt und aufgehängt. Leider wurde dieses Engagement bis heute nicht von Erfolg gekrönt.

Der Steinkauz kommt nicht von ungefähr zu seinem Namen. Besonders in südlichen Ländern nutzt er gern Steinhaufen und Natursteinmauern als Ansitzwarte oder als Ruheplatz.

Links: Stolze Eigenheimbesitzer in trauter Zweisamkeit. Steinkäuze nehmen künstliche Nisthilfen sehr gern an.

Anders im Raum Ludwigsburg. Dort konnten engagierte Steinkauz-Freunde die Steinkauz-Population durch das Aufhängen und Betreuen zahlreicher Nisthilfen von etwa acht Brutpaaren auf über 200 Brutpaare steigern. Einer von ihnen betreut die Steinkäuze im Kreis Ludwigsburg seit fast 30 Jahren. Er hat mich heute zu sich eingeladen.

Herbert und ich fahren zusammen die Brutreviere ab und kontrollieren, welche Nistkästen bewohnt sind. Jetzt im Frühjahr sitzen die Weibchen auf ihren Eiern. Das Männchen lässt die Familie in dieser Zeit kaum aus den Augen, sitzt tagsüber in einem benachbarten Baum und beobachtet aufmerksam das Geschehen im Bereich der Bruthöhle.

—› Immer wenn wir uns einer Brutröhre nähern, warnt es sein Weibchen in der Röhre mit einem lauten Ruf: Gefahr im Verzug! Und gleich darauf – macht es sich einfach aus dem Staub. Aber nicht weit. Ein paar Bäume weiter setzt es sich auf einen Ast und äugt aus sicherer Entfernung aufmerksam zu uns herüber. ‹—

Links: Seht her, wie groß ich mich machen kann, wenn ich aufgeregt bin! Wenn ihr näher kommt, kann ich mich ja immer noch verdrücken.

Rechts: Zur Brutzeit lässt das Männchen das Nest nicht aus den Augen. Gut versteckt beobachtet es alles, was dort vor sich geht.

Wir zücken unsere Ferngläser und nehmen den Steinkauz genau unter die Lupe. Durch sein geflecktes Federkleid ist er an seinem Platz in der Nähe des Stammes hervorragend getarnt. Hätte ich nicht gesehen, wo der Vogel gelandet ist, hätte ich ihn vermutlich für einen abgesägten Ast gehalten und ihn nicht weiter beachtet. Durch das Fernglas kann ich aber auch seine Erregung deutlich erkennen. Immer wieder streckt er sich, macht sich richtig lang, als wolle er einen besseren Blick auf uns erhaschen. Dann wieder duckt er sich, als wolle er sich vor uns verstecken.

Dieser erste Test war ein voller Erfolg: Das Revier ist besetzt, das Weibchen brütet, der Herr des Hauses passt auf — da wollen wir wirklich nicht länger stören.

Immer wieder streckt sich der Steinkauz, als wolle er einen besseren Blick auf uns erhaschen. Dann wieder duckt er sich, als wolle er sich vor uns verstecken.

Bei Mondschein ist der Kauz an der gedrungenen Gestalt gut zu erkennen.

Die Nacht gehört den Liebenden.

Auf dem Weg zum nächsten Brutrevier erzählt Herbert, wie liebevoll und zärtlich die Steinkäuze mit ihrem Nachwuchs umgehen. Über die Überwachungskameras, die er im Inneren der Steinkauzröhren versteckte, kann er das liebevolle Familienleben hautnah miterleben.

Unsere nächste Station ist ein kleines verwunschenes Gartenhaus am Rande einer Streuobstwiese. Wir haben die Hütte noch nicht ganz erreicht, da ertönt erneut der Ruf eines Steinkauzes. Er hat uns also schon entdeckt. Auch dieses Tier fliegt davon und lässt sich ein paar Bäume weiter wieder auf einem Ast nieder. In der Hütte haben wir auf einem Überwachungsmonitor einen direkten Blick ins Innere der Steinkauzröhre auf dem Nachbarbaum. Das brütende Weibchen ist gut zu erkennen. Und offenbar hat es den Ruf des Männchens wohl gehört. Es ist hellwach und angespannt. Trotzdem bleibt es auf den Eiern sitzen, um sie zu wärmen und zu schützen. Wir starren auf den Monitor, aber nichts weiter passiert. Ein weiterer Monitor öffnet uns den Blick in eine zweite Brutröhre. Sie wird offensichtlich als Vorratskammer genutzt. Hier müsste dringend mal wieder aufgeräumt werden, schießt es mir durch den Kopf. Überall liegen tote Tiere – mehrere Mäuse, Fellreste, Federn und auch ein toter Kleinvogel, bei dem es sich um eine Feldlerche handeln könnte. Der Herr des Hauses hat gut vorgesorgt und Beutetiere eingelagert, die nicht gleich verfüttert werden. So muss seine kleine Familie auch nicht Hunger leiden, wenn der Winter kommt. Herbert erklärt mir, dass im Brutrevier eines Steinkauzes genügend Höhlen zur Verfügung stehen müssen, damit diese als Zwischenlager genutzt werden können.

In der Bruthöhle entspannt sich das Weibchen langsam wieder. War wohl falscher Alarm. Es plustert sich auf und erhebt sich kurz, um nach dem Gelege zu sehen. Geschickt dreht es mit seinem Schnabel die Eier um. Jedes soll rundum genügend Brutwärme abkriegen. Auch wir können kurz einen Blick auf die weißen Eier werfen. Alles in Ordnung? Dann kann sich die Dame beruhigt wieder ihrer Brutaufgabe widmen. Ich konnte nicht zählen, wie viele Eier es waren. Herbert weiß aber zu berichten, dass das Gelege aus vier Eiern besteht. Er erzählt auch, dass die Weibchen während der etwa 24-tägigen Brutzeit ihre Behausung nur selten verlassen. Und wenn, dann nur, um mit dem Männchen im Nachbarbaum kurz zu schmusen und um einmal schnell eine Runde um die Bruthöhle zu fliegen. Während der Brut und Jungenaufzucht ist das Männchen allein für die Nahrungssuche zuständig. Und unser Männchen hat sich heute schon als pflichteifriger Familienvater erwiesen.

Wenn die Sonne untergeht, wird der Steinkauz munter. Dann verlässt er sein Tagesversteck und begibt sich auf die Jagd.

—› Zwei Wochen später erhalte ich einen Anruf: „Die Jungen sind geschlüpft!“ Da hält mich natürlich nichts. Ich fahre noch am selben Abend zur Beobachtungshütte. ‹—

Das Männchen hat mich schon von Weitem kommen sehen. Es stößt seinen Warnruf aus und verlässt sein Tagesversteck. Nichts wie weg ins Gartenhaus!

Die Überwachungskamera aus dem Innern der Bruthöhle liefert mir atemberaubende Bilder: Zwei winzige Küken dösen zwischen zwei Eiern. Da der Steinkauz in der Regel mit dem Brüten beginnt, bevor das Gelege vollständig ist, schlüpfen die Jungen ein paar Tage versetzt. Die beiden Jungvögel sind gut genährt – das ist nicht zu übersehen. Ihre Bäuchlein zeigen sich wohlgerundet. Liebevoll kümmert sich die Mutter um ihren Nachwuchs. Mal wärmt sie die Eier und das Gelege, mal steht sie auf und holt einen schnabelgerechten Happen von der am Eingang deponierten Maus. Unentwegt bietet sie den Jungen Leckerbissen an. Und obwohl die beiden pappsatt sind, greifen sie schließlich zu und schlucken den Happen hinunter. Fast hat man den Eindruck, die Mutter wolle ihre Jungen mit immer neuen Köstlichkeiten zu Tode mästen. Ich bin so vertieft in meine Beobachtungen, dass ich fast den Ruf des Männchens überhört hätte. Kurze Zeit später erscheint es am Eingang der Niströhre. Ich traue kaum meinen Augen, denn der Vogel hält eine kleine Schlange, nein, es ist eine Blindschleiche, quer im Schnabel.

Fürchten wir uns, oder fürchten wir uns nicht? Außerhalb des Nistkastens gibt es viel Neues und Aufregendes zu entdecken.

In guten Jahren fängt der Steinkauz überwiegend Kleinsäuger und Kleinvögel bis zur Größe einer Amsel. Dieses Frühjahr ist aber alles andere als optimal. Infolge des vielen Regens konnten die Landwirte die Wiesen noch nicht mähen. Das noch nicht geschnittene Gras behindert den Steinkauz bei der Jagd. Der kleine Ansitzjäger kann seine Beute im hohen Gras nur schwer orten und die Bodenjagd ist ebenfalls nur auf frisch gemähten Wiesen möglich. Steinkäuze verfolgen nämlich ihre Beutetiere auch gern mal zu Fuß.

Was ihr Nahrungsspektrum anbelangt, sind die kleinen Jäger aber sehr breit aufgestellt. Bei Bedarf weichen sie auf Regenwürmer, Nachtfalter, Laufkäfer, Eidechsen, Amphibien und Insekten aus. In guten Maikäferjahren decken diese, zusammen mit Heuschrecken und zahlreichen anderen Insekten, einen großen Teil des täglichen Nahrungsbedarfs.

Das Weibchen weiß die vom Männchen herangeschaffte Nahrung durchaus zu schätzen. Nach einer flüchtigen Begrüßung nimmt sie ihm die Beute ab. Er sucht möglichst schnell wieder das Weite. Sie kaut die Blindschleiche mit dem Schnabel von vorn nach hinten durch und zerkleinert sie geschickt in mundgerechte Häppchen.

Von seiner Ansitzwarte aus jagt der Steinkauz überwiegend Kleinsäuger, kleine Vögel und Großinsekten.

Auf der Jagd nach Fotos rund um unsere Streuobstwiesen treffe ich Herbert ein paar Tage später. Mein erste Frage natürlich: „Sind die beiden anderen kleinen Steinkäuze geschlüpft?"

„Leider nein, schade. Man kann nie wissen, woran es gelegen hat. Aber die anderen sind putzmunter und sehr verfressen. Sie halten die beiden Altvögel ganz schön auf Trab. Vor allem, wo jetzt noch ein weiterer Fresser dazugekommen ist."

Nach getaner Arbeit genießt das Steinkauzmännchen noch kurz die ersten wärmenden Sonnenstrahlen, bevor er sich in sein Tagesversteck zurückzieht.

Fragender Blick meinerseits.
„Als es neulich wie aus Kübeln geschüttet hat, bin ich anschließend noch mal durch mein Revier, um zu sehen, ob alles in Ordnung ist. Bei der Kontrolle einer anderen Brutröhre habe ich neben zwei toten Jungvögeln ein noch lebendes, völlig durchnässtes und verklebtes Kleines gefunden. Die beiden Altvögel müssen schon einen Tag oder länger nicht mehr in der Röhre gewesen sein. Da gab's nur eines: Ich packte den Winzling kurzerhand in meine Tasche und nahm ihn mit nach Hause. Wir haben ihn vorsichtig getrocknet, geputzt und gewärmt. Das Kerlchen war sichtlich schwach und ausgehungert.

Wer kommt und stört? Soll ich mich verstecken oder davonfliegen?

—› Aber nach einem Tag Pflege und regelmäßigen Mahlzeiten von meiner Pinzette wurde es munter, und wir mussten uns etwas einfallen lassen. Das Beste wäre, wir hätten eine Pflegefamilie. Und da fielen mir unsere Steinkäuze ein. Würde das klappen? ‹—

Würden die beiden anderen Jungen das neue Geschwisterchen annehmen? Und die Alten? Hätten die wohl ein Problem mit dem neuen Familienzuwachs? Immerhin konnten wir über unsere Kamera das Geschehen in der Röhre beobachten. Das Risiko war also überschaubar. Also setzte ich es in einem günstigen Augenblick zu den beiden etwa gleich großen Jungen in den fremden Kasten.

Ich muss zugeben, die Freude der beiden kleinen Stiefgeschwister über den Familienzuwachs hielt sich sehr in Grenzen. Auch die Altvögel waren eher reserviert. Anfangs wollte vor allem die Mutter von dem fremden Jungen überhaupt nichts wissen. Immer wieder stieß sie es weg oder drängte es in eine Ecke. Doch nach vielen hartnäckigen Annäherungsversuchen, die mir beim Beobachten fast das Herz brachen, wurde das Findelkind schließlich sowohl von den beiden Jungvögeln, als auch von der Mutter akzeptiert und in die Leihfamilie integriert. Inzwischen müssten sie raus aus dem Nest sein. Lass uns schauen, wie's den drei Ästlingen geht."
Das ließ ich mir nicht zweimal sagen.

Als wir die Hütte erreichten, war von den Steinkäuzen nichts zu sehen. Über den Bildschirm bekamen wir einen Einblick in den verwaisten Nistkasten. Die Wohnhöhle wies noch deutliche Spuren der bisherigen Bewohner auf. Um die Gewöllereste, die sich überall im Nistkasten befanden, kreisten zahlreiche Fliegen.

Keine Maus, sondern nur ein Nachtfalter. Schmeckt zwar nicht genauso gut, aber wer Hunger hat, verschmäht auch dieses Angebot nicht.

Keine Maus, sondern nur ein Nachtfalter. Schmeckt zwar nicht genauso gut, aber wer Hunger hat, verschmäht auch dieses Angebot nicht.

Allzu weit konnten die kaum flugfähigen Jungvögel noch nicht sein. Wir suchten mit dem Fernglas die benachbarten Bäume ab. Da – ein erstes flauschiges Federknäuel auf einem alten Apfelbaum. Daneben gleich noch ein zweiter Jungvogel. Den dritten fand ich, bei genauerem Hinschauen, etwas höher im Baum.

Die beiden nebeneinandersitzenden Jungvögel kuschelten eng aneinander und blinzelten verträumt in die Sonne. Immer wieder riss einer der beiden den Schnabel auf, als wollte er gähnen. Der etwas höher im Baum sitzende Jungvogel unternahm schon erste Flugübungen auf seinem Ast. Es sah fast so aus, als wolle er abheben. Aber weiter als bis zum nächsten Ast trugen die Flügel noch nicht.

—› Welches ist denn jetzt das Findelkind?", flüsterte ich. „Also ... ich glaube, der unten rechts, oder nein, eher der auf dem oberen Ast ... Ich kann es dir tatsächlich nicht sagen. ‹—

Auf dem benachbarten Birnbaum entdeckte ich, dicht an den Stamm geschmiegt und gut getarnt, die beiden Eltern. Von ihrem Platz aus hatten sie den Nachwuchs immer im Blick. Die beiden schienen aber froh zu sein, endlich mal wieder etwas Zeit für sich zu haben. Einer der beiden, vermutlich das Männchen, kraulte seiner Partnerin liebevoll das Gefieder. Sie hielt ihm mit geschlossenen Augen ihr Köpfchen hin und genoss offensichtlich den Liebesdienst. Von Zeit zu Zeit rückte sie etwas ab, um die Jungen noch besser beobachten zu können. Alles ruhig. Sie konnte sich getrost weiterkraulen lassen.

Einige Zeit später kehrte das Männchen von einem Rundflug zurück. In seinen Fängen hielt es eine Maus. Die Mutter übernahm die Beute und verfütterte sie an die hungrig kreischenden Jungvögel.
Ich fotografierte und beobachtete die Familie bis zum Einbruch der Dämmerung. Richtig schöne Steinkauz-Familienfotos ...
Und die ganze Familie gesund und gut versorgt.

Links: Gedränge am Höhleneingang. Wer bekommt das nächste Beutestück?

WALDKAUZ

IMMER WENN ES GRUSELIG WIRD

WALDKAUZ

IMMER WENN ES GRUSELIG WIRD

Die Nacht, in der ich zum ersten Mal den Ruf des Waldkauzes gehört habe, werde ich mein Leben lang nicht vergessen:

Ich war damals etwa 14 Jahre alt und wollte unbedingt einen Dachs fotografieren. Am besten aus der Vogelperspektive. Da würde er mich sicher nicht entdecken. So saß ich denn, als es dunkel wurde, mitten im Wald mutterseelenallein auf dem Hochsitz. Die Sonne verschwand, die Schatten wurden länger, und die vielen Geräusche, die ich nicht zuordnen konnte, riefen in mir bald ein mulmiges Gefühl hervor. Immerhin, als der Dachs um den Hochsitz herum auf Nahrungssuche ging, musste ich mich richtig konzentrieren, um wenigstens das eine oder andere Foto im Kasten zu haben.

Schlaftrunken blinzelt der Waldkauz aus seinem Tagesversteck.

Die Nacht war kohlschwarz, als ich mich schließlich auf den Heimweg machte. Auf einmal erklang nicht weit von mir ein schriller Ruf. Er klang wie der Angstschrei eines Kindes. Mir stockte das Blut in den Adern.

—› War dies der Ruf des Waldkauzes, von dem mir mein Freund erzählt hatte, oder war hier ganz in meiner Nähe im tiefen Wald ein Verbrechen im Gang? Wieder diese Schreie. Zwischendurch erklang auch das typische „Hu-huhuhu" des Waldkauzes. ‹—

Das beruhigte mich ein wenig, aber dennoch lief ich instinktiv immer schneller und war froh, als ich endlich den Waldrand erreichte.

Vermutlich haben nur wenige einen Waldkauz aus der Nähe gesehen. Seinen schaurigen Ruf aber kennen zumindest die Krimifans. Dieses Heulen darf in keinem guten Krimi fehlen: Wenn es Nacht wird, wenn die Spannung steigt oder wenn es richtig gruselig wird, ertönt die Stimme des Waldkauzes. Und wer sie kennt, weiß, dass einem diese Laute durch Mark und Bein gehen.

Schon beim kleinsten Geräusch ist der Waldkauz hellwach und sucht mit großen Augen die Umgebung ab.

Junge Waldkäuze verlassen ihr Nest im Alter von etwa 30 Tagen. In diesem Alter können die Jungen noch nicht fliegen. Noch tragen sie ihr flauschiges graubraunes Dunenkleid. Beim Sprung aus der Bruthöhle fallen sie meist auf den Boden. Um dort nicht irgendwelchen Bodenfeinden ausgeliefert zu sein, erklettern die Kleinen nahe gelegene Büsche und dickborkige Bäume. Nach wie vor kümmern sich die Altvögel liebevoll um ihre Jungen. Die Ästlinge – wie sie jetzt heißen – werden auch außerhalb des Nestes bis zum Erreichen ihrer vollen Flugfähigkeit von ihren Eltern versorgt.

Die jungen Käuze sind im Ästlingsalter gut zu entdecken. Nicht selten vermuten Wanderer und Spaziergänger, die drollig dreinschauenden Vögel wären verwaist und nehmen sie vorsorglich mit. Dies ist jedoch meist nicht der Fall. Im Interesse der Jungvögel sollte man sie unbedingt in Ruhe lassen!

Waldmäuse gehören zur bevorzugten Beute des Waldkauzes. Erbeutet er mehr, als er verzehren kann, legt er in Baumhöhlen Nahrungsdepots an.

Einmal sah ich selbst einen dieser scheinbar verwaisten Käuzchen gut getarnt auf dem Boden sitzen. Es war der pure Zufall, dass mir der kleine Vogel überhaupt auffiel. Das putzig aussehende Kerlchen starrte mich mit seinen großen Augen ängstlich an. Ich hatte (wie meistens) meine Fotoausrüstung dabei und der hübsche Jungvogel kam mir wie gerufen. Wäre das Bild nicht noch gelungener, wenn er auf einem Ast sitzen würde? Und schon streckte ich meine Hand aus, um den Jungvogel aufzunehmen.

—› Vögel können, im Gegensatz zu Wildtieren, nicht riechen, ob die Jungen vom Menschen angefasst wurden. ‹—

Links: Die drollig aussehenden Ästlinge sind nicht verwaist, sondern werden von ihren Eltern bestens versorgt. Wer so ein Wollknäuel findet, sollte es daher an Ort und Stelle sitzen lassen.

Rechts: Sobald die jungen Waldkäuze fliegen können, fangen sie an, Beute zu machen. So ein Frosch ist ein willkommenes Übungsobjekt, da er wesentlich leichter zu fangen ist als eine Maus.

Aber ehe ich mich's versah, hatte sich der Junge auch schon auf den Rücken geworfen, um sich mit seinen scharfen Krallen zu verteidigen. Erschrocken zog ich meine Hand zurück. Vorsicht! Der Kleine weiß sich zu wehren. Verflixt, er hatte mich bereits erwischt. Noch mal gut gegangen, dachte ich, als ich mir die blutende Hand an meiner Hose abwischte. Zum Glück hatte er gleich wieder losgelassen. Das hätte auch anders ablaufen können. Insgeheim ärgerte ich mich über mich selbst. Ich hatte diese schmerzliche Erfahrung doch schon einmal gemacht. Damals hatte mir ein Nachbar einen verletzten Waldkauz in einem kleinen Karton gebracht. Vorsorglich zog ich mir einen kräftigen Arbeitshandschuh an.

—› Als ich ihn greifen wollte, packte mich der Waldkauz so fest, dass sich die Krallen durch den Handschuh tief ins Fleisch bohrten. ‹—

Waldkäuze sind sehr standorttreu und bleiben das ganze Jahr über in ihrem Revier. Nicht selten werden die Bruthöhlen im Winter als Tagesverstecke genutzt.

Um meine Hand aus den Fängen des Vogels zu befreien, musste ich damals mit meiner anderen Hand jede Kralle einzeln lösen und herausziehen.

Na warte, das sollte mir nicht noch einmal passieren. Ich zog meine Jacke aus und warf sie über den jungen Kauz. Er klammerte sich sofort daran fest; ich konnte ihn an den Beinen packen und auf einen Ast setzen. Und wo war jetzt meine Kamera? Ich bückte mich gerade, als dicht über mir nahezu geräuschlos ein brauner Vogel nur um Haaresbreite über meinen Kopf flog. War dies ein Scheinangriff oder wollte mich der alte Waldkauz tatsächlich packen? Hatte ich nur Glück gehabt, als ich mich gerade bückte? Egal. Noch schnell ein paar Fotos und dann nichts wie weg!

Dank seiner weichen Federn fliegt der Waldkauz völlig lautlos durch die dunkle Nacht.

—› Waldkäuze verteidigen ihre Jungen furchtlos. Das ist allgemein bekannt. Dabei nähert sich der Altvogel lautlos von hinten und stößt seine Krallen tief in den Kopf oder in die Schultern des vermeintlichen Angreifers. ‹—

So viel Zeit muss sein: Auch Waldkäuze baden sehr gern und dieser hier genießt sein Vollbad sichtlich.

Dies kann zu schmerzenden Fleischwunden führen. Zum Glück sind derartige Angriffe außerordentlich selten. Am bekanntesten ist wohl der Fall von Eric Hosking, einem britischen Naturfotografen, der bei einer solchen Attacke sein Auge verlor.

Der Flug des Waldkauzes ist völlig lautlos. Der dämmerungs- und nachtaktive Vogel kann so seine Beute im Suchflug nur mit seinem Gehör orten. Vernimmt er den leisesten Pfiff einer Maus, ändert er abrupt seine Richtung und fliegt direkt auf sie zu. Dank der kurzen runden Flügel ist dieser Vogel ausgesprochen wendig. Waldkäuze jagen zwar bevorzugt entlang von Waldrändern, Waldwegen oder auf waldnahen Wiesen und Feldern, können aber auch im dichten Wald bestens manövrieren. Am liebsten fressen sie Mäuse. Je nach Nahrungsangebot erbeuten sie Eichhörnchen, Bilche, Kaninchen und Kleinvögel. In besonders nahrungsarmen Jahren nimmt der Waldkauz auch mit Fröschen, Käfern und Regenwürmern Vorlieb. Dank seines scharfen Gehörs kann er sie bestens orten. Sobald die Würmer ihre Gänge verlassen, packt er sie, zieht sie aus dem Boden und verzehrt sie.

Der Waldkauz ist in Europa weit verbreitet. Die anpassungsfähigen Vögel brüten nicht nur in Laub- und Laubmischwäldern, seltener auch in reinen Nadelwäldern, Parkanlagen, Friedhöfen und Gärten. Im Bereich menschlicher Behausungen sitzen die Vögel gern in den Schornsteinen alter Häuser. Letztere nützen sie mit Vorliebe tagsüber, um sich von der anstrengenden Jagd in der Nacht auszuruhen. Und manchmal brüten sie dort.

Vor etwa 30 Jahren war ich mit dem NABU (Naturschutzbund Deutschland, damals noch Bund für Vogelschutz) im Stadtpark auf Beobachtungstour. Der Rundgang führte dabei durch ein benachbartes Wohngebiet. Vor einer älteren Villa hielten wir an. Der Führer richtete sein Spektiv auf den Kamin des Hauses. Der Kamin war ziemlich groß und mit einer Steinplatte überdacht.

Schade. Keine Wohnung im Wald mehr frei?

—› „Er ist tatsächlich da", meinte der Führer. „Wollt ihr mal sehen?" Saß dort wirklich ein Vogel im Kamin? Durch mein Fernglas konnte ich nichts erkennen. ‹—

Durch das Spektiv entdeckte ich den großen braunen Vogel aber sofort. Ein Waldkauz, hervorragend versteckt im Kamin. Er schien zu schlafen, saß jedenfalls mit geschlossenen Augen regungslos da. Eine ältere Frau kam aus dem Haus. Laut fiel die Tür ins Schloss. Gelangweilt öffnete der Waldkauz für einen kurzen Blick die Augen, schielte zu uns herüber und öffnete den Schnabel, als wollte er gähnen.

Die Frau kam zu uns herüber.

Unbeholfen dreinschauende Jungkäuze, die nach dem Verlassen ihres Nestes manchmal am Boden oder in Bodennähe sitzen, können zwar noch nicht fliegen, aber schon sehr geschickt klettern.

Ein potenzieller Feind? Der Kauz macht sich so schlank wie möglich und lässt ihn nicht aus den Augen.

—› *„Ist an meinem Haus etwas Besonderes? Etwas nicht in Ordnung?" „In Ihrem Kamin wohnt ein Kauz, vermutlich schon länger. Er scheint sich da zu Hause zu fühlen", erklärte einer der Teilnehmer.* ‹—

Die Dame war sehr erstaunt. Sie hatte das Tier noch nie bemerkt. Zum Glück hatte sie keine Einwände gegen diesen Untermieter. „Der kann ruhig da bleiben", meinte sie. „Der alte Kamin ist schon lange außer Betrieb, den benutzen wir seit vielen Jahren nicht mehr. Wenn's ihm dort gut gefällt … Schön warm ist es auf jeden Fall, und mit dem Dächle regnet es auch nicht rein."

Mehrere Jahre später stehe ich wieder vor der Villa. Diesmal bin ich mit Jugendlichen im Rahmen eines Fotokurses unterwegs. Der Vogel sitzt an seinem Platz und wir versuchen ein paar Aufnahmen von dem dösenden Waldkauz zu bekommen.

Da erscheint die Frau wieder auf der Straße. „Ihr wollt bestimmt den Waldkauz fotografieren", meint sie und erzählt voller Stolz, dass dieser Vogel schon seit vielen Jahren tagsüber ihren Kamin bewohnt. „Nachts sehe ich ihn manchmal ums Haus fliegen oder ich höre ihn im nahe gelegenen Stadtpark rufen."

Als Kulturfolger ist der Waldkauz auch in Dörfern und Städten anzutreffen. Dort nutzt er gelegentlich dunkle Nischen an Gebäuden als Tagesverstecke.

Und wie ich erst neulich erfahren habe, wird der Kamin noch immer von einem Waldkauz bewohnt. Ob es wohl derselbe ist? Wohl kaum. In Ausnahmefällen können Waldkäuze in der Natur zwar zwanzig Jahre alt werden, aber dreißig Jahre sind noch nicht einmal aus Gefangenschaftshaltung bekannt. Offenbar ist das Tagesversteck aber so beliebt, dass es schon seit mehreren Generationen weitervererbt und gern genutzt wird.

Mit circa 70 000 Brutpaaren ist der Waldkauz die häufigste Eule Deutschlands. Deutschland bildet das Zentrum des europäischen Verbreitungsgebiets und hat damit eine besondere Verantwortung zum Schutz dieser Eulenart. Der NABU hat den Waldkauz im Jahr 2017 zum Vogel des Jahres gekürt. Der Grund: Geeignete Höhlenbäume, in denen der Waldkauz erfolgreich brüten und seine Nachkommen aufziehen kann, werden immer seltener. In unseren modernen Wirtschaftswäldern bleibt kaum mehr Platz für alte Bäume mit großen ausgefaulten Naturhöhlen. Im Bereich unserer Siedlungen werden geeignete Höhlenbäume aus Sicherheitsgründen gefällt. Da hatte dieser Waldkauz richtig Glück mit seinem Quartier.

Waldkäuze leiden im Winter keine Not. Dank ihres guten Gehörs können sie Mäuse auch unter dem Schnee orten und fangen.

RAUFUSSKAUZ

DER HÜBSCHE

RAUFUSSKAUZ

DER HÜBSCHE

Für mich ist der Raufußkauz die hübscheste heimische Eule. Das helle Gesicht mit dem dunkel umrandeten Gesichtsschleier macht den kleinen Kerl mit dem auffallend großen Kopf auf den ersten Blick sehr sympathisch. Die nach vorn gerichteten, leuchtend gelben Augen sind für eine streng nachtaktive Eule verhältnismäßig klein.

Schon in meiner Jugend habe ich mich für den Raufußkauz interessiert. Ich erinnere mich noch genau an einen Pressebericht, in dem stand, dass auf der Alb, in einem nicht allzu weit entfernten Tal, Nisthilfen für den Raufußkauz aufgehängt und von mehreren Brutpaaren besiedelt wurden. Zusammen mit einem Freund fuhren wir zu dem Platz und suchten den Wald nach den Nistkästen ab. Raufußkäuze bewohnen in erster Linie Mischwälder, aber auch Nadelwälder, wenn dort der Schwarzspecht Höhlen für sich gebaut hat, in die Der Raufußkauz als Nachmieter einziehen kann. Die Nisthilfen dürften schon wegen ihrer Größe vom Boden aus leicht zu entdecken sein. So schien die Aufgabe nicht allzu schwer zu sein. Und tatsächlich: Nach einer mehrstündigen Suche entdeckten wir einen hölzernen Nistkasten in etwa fünf Meter Höhe.

Hat sich da unten nicht eben was bewegt? Dem aufmerksamen Raufußkauz-Paar entgeht nicht die leiseste Bewegung.

Ob er bewohnt war, konnten wir von unten nicht erkennen, und unsere Versuche, am glatten Stamm emporzuklettern, scheiterten bereits im Ansatz. Also suchten wir die Umgebung nach Gewöllen, Kot und Federn ab. Etwa dreißig Meter vom Nistkasten entfernt, fanden wir unter einem Baum zahlreiche Kotspritzer. Lag hier im Baum das Tagesversteck des Männchens? So angestrengt wir den Baum auch mit unseren Ferngläsern absuchten – wir fanden nichts. Entweder war der Raufußkauz wegen unserer Sucherei längst davongeflogen oder er versteckte sich so gut, dass wir ihn nicht entdeckten. Wenn Gefahr droht, drücken sich die Raufußkäuze dicht an den Stamm und sind so dank ihres dunkelbraun gefleckten Gefieders kaum zu sehen.

Mit geweiteten Pupillen – die Maus fest im Blick – stürzt sich der Raufußkauz im Gleitflug zielsicher auf seine Beute.

Neugierig und gar nicht ängstlich posiert der Raufußkauz für den Fotografen. Um besser sehen zu können, dreht er den Kopf mal in die eine, mal in die andere Richtung.

Wo ein Nistkasten hängt, da gibt es auch noch andere, sagten wir uns und suchten weiter. Unweit vom ersten entdeckten wir einen weiteren Kasten. Dieser war an einer spärlich beasteten Fichte angebracht. Ich kletterte den Baum empor – eine Jugendsünde, die ich heute nicht mehr begehen würde, zumal die Brutstätten der Eulen heutzutage streng geschützt sind – und warf einen Blick in den Nistkasten.

Im Innern saß wirklich ein Raufußkauzweibchen. Erschrocken schaute es mich an. Dicht neben dem Weibchen kauerten sich mehrere Jungvögel. Ängstlich versuchten sie, sich bei der Mutter zu verstecken. Ich konnte nicht genau erkennen, wie viele Jungvögel es waren. Ihr Gefieder war noch flauschig und dunkelbraun. Es würde also noch mindestens eine Woche dauern, bis die Jungvögel flügge waren.

—› Ich gebe zu, es war verwegen, aber ich ließ alle Vorsicht außer Acht, kletterte auf den Baum, hob den Deckel des Nistkastens an und warf einen Blick hinein. ‹—

Vorsichtig verschloss ich den Kasten wieder und kletterte zurück nach unten. Sicherlich hatte auch das der männliche Raufußkauz von seiner Sitzwarte aus beobachtet, was da vor sich ging. Wir wollten ihn nicht auch noch beunruhigen und machten uns so schnell wie möglich aus dem Staub. Selbstverständlich sind wir nur wenige Tage später wieder bei den Raufußkäuzen. Diesmal kommen wir in der Dämmerung und suchen uns zuerst auf dem Waldboden einen versteckten Platz mit Blick auf den Nistkasten. Warten, bis es dunkel wird …

Artig, wie es sich für einen fürsorglichen Familienvater gehört, übergibt er die Beute an seine Partnerin. Sie trägt die Maus ins Nest, um sie an die Jungen zu verfüttern.

Erst bei völliger Dunkelheit hören wir in einiger Entfernung den unverkennbaren Ruf des Männchens. Dann, nach kurzer Zeit, verstummen die Rufe. Außer den üblichen „Waldgeräuschen" ist es jetzt ganz still. Wahrscheinlich ist das Männchen auf die Jagd gegangen. Raufußkäuze leben ausschließlich im Wald und jagen dort in erster Linie Nagetiere wie Waldmäuse, Rötelmäuse und Gelbhalsmäuse. Gelegentlich auch Bilche und Kleinvögel. Sie lauern auf einer Ansitzwarte, orten ihre Beute mit ihrem feinen Gehör und fliegen sie dann gezielt an.

Es dauert. Über eine halbe Stunde warten wir schon gespannt auf die Rückkehr des Männchens. Immer wieder schauen wir durch unsere Nachtsichtgläser. War er das? Kommt er zurück? Und dann passiert es tatsächlich:

—› Wie ein nächtlicher Schatten huscht der Raufußkauz völlig lautlos auf den Nistkasten zu und verschwindet im Einflugloch. Wir lauschen angestrengt. Haben wir aus dem Inneren des Kastens kurze Bettelrufe gehört? ‹—

Da erscheint das Männchen auch schon wieder am Eingangsloch. Ein kurzer Blick in die Runde und es verschwindet so schnell, wie es gekommen ist. Auf dem Rückweg zum Auto hören wir aus verschiedenen Richtungen den Ruf des Raufußkauzes. Ein gutes Zeichen. Offensichtlich kommt er in dieser Gegend mit mehreren Brutpaaren vor.

Die leuchtend gelben Augen und das dunkel eingerahmte Gesicht machen den Raufußkauz zu einem der hübschesten Käuze.

Jahrzehnte später treffe ich auf Luis, der im Auftrag des Biosphärengebiets Schwäbische Alb die dortigen Schwarzspechthöhlen untersucht und kartiert. Raufußkäuze können selbst keine eigene Bruthöhle bauen. Sie sind als Nachmieter auf die Höhlen des Schwarzspechts dringend angewiesen. Und ich träume immer davon, einmal einen Raufußkauz an einer Schwarzspechthöhle zu beobachten und zu fotografieren.

Luis lässt sich überreden, mich auf einen seiner Kontrollgänge mitzunehmen.

Schwarzspechthöhlen scheinen für die Waldbewohner eine sehr begehrenswerte Immobilie zu sein. In der ersten, an der wir vorbeikommen, wohnt eine Hohltaube – das ist nicht zu übersehen. Als wir näher kommen, sehen wir das Männchen. Es sitzt balzend in der Krone des Höhlenbaums. Erst als wir schon fast unter dem Baum stehen, fliegt es davon.

Schwarzspechthöhle Nummer zwei: Hier ist das Einflugloch auffallend verschmiert. Wir sind uns zwar nicht sicher, aber die Vermutung liegt nahe, dass sich hier eine Abendseglerkolonie einquartiert hat. Der Große Abendsegler gehört zu den baumbewohnenden Fledermausarten. Er nutzt die Höhlen des Schwarzspechtes als Tagesquartier und verbringt das ganze Jahr in solchen Baumhöhlen.

Die dritte Schwarzspechthöhle, die wir aufsuchen, scheint für den Raufußkauz besonders geeignet zu sein. Die ersten beiden Höhlen befanden sich in Buchenmischwäldern.

—› Diesmal hat der Schwarzspecht seine Höhle in eine hohe Buche gehämmert, um die herum sich ein großer Nadelwald erstreckt. Das wäre ein ideales Quartier für eine Raufußkauzfamilie. ‹—

Bei genauerem Hinschauen entdecken wir durchs Fernglas am Stamm einige Kratzspuren. Hat sich hier ein Baummarder einquartiert oder hat einer auf der Jagd mal kurz vorbeigeschaut? Eine Gefahr für den Raufußkauz?

Luis erzählt mir, dass ein Baummarder die älteren Schwarzspechthöhlen in seinem Revier kennt und sie auch regelmäßig auf der Suche nach Beute kontrolliert. Dennoch – so Luis – haben Raufußkäuze in einer Spechthöhle weit höhere Überlebenschancen als in einem Nistkasten. Das brütende Weibchen hört einen am Stamm kletternden Baummarder viel besser und kann zumindest sich selbst rechtzeitig in Sicherheit bringen. Außerdem bevorzugt der Raufußkauz die frischen Schwarzspechthöhlen, in der Hoffnung, dass der Baummarder sie vielleicht noch nicht kennt. Dadurch bleibt er häufiger verschont.

Bäume, in denen Schwarzspechte ihre Höhlen hatten, sind also für sehr viele Waldbewohner wichtig. Inzwischen werden sie geschützt und sind noch viele Jahre für weitere Mieter nutzbar.

Besonders für den Raufußkauz ist der Erhalt der Höhlenbäume überlebenswichtig und ihr Schutz ein Meilenstein auf dem Weg, diesen Kauz in unseren Wäldern zu halten. Luis betont aber, dass Schutz und Erhalt der Höhlenbäume allein nicht ausreicht. Wird der gesamte Wald um den Höhlenbaum herum wirtschaftlich genutzt oder abgeholzt, verändert sich die Nestumgebung zuungunsten des Raufußkauzes. Einen allein stehenden Baum wird ein Kauzpaar kaum als Brutplatz wählen.

Höhlenbäume und die flächige Buchennaturverjüngung sind zusammen mit den Ansprüchen der höhlenbrütenden Vogelarten eine komplexe Angelegenheit. Eine zentrale Funktion in diesem Netzwerk hat der Schwarzspecht als Höhlenbauer. Er meidet Buchenaltbestände mit darunter wachsender hoher Naturverjüngung und sucht die dort stehenden Höhlenbäume nicht mehr auf. Die Einfluglöcher wachsen nach und nach zu und sind nach ein paar Jahren für den Raufußkauz, aber auch für die Hohltaube oder Dohle viel zu eng.

Schließlich ist, wenn der Wald infolge der Naturverjüngung dicht heranwächst, kein offener Anflug an das Flugloch mehr möglich. Und im dichten Unterholz hat dann auch der Raufußkauz keine Chance auf erfolgreiche Bodenjagd.

Mein Plädoyer für das Aufhängen künstlicher Nisthilfen lässt Luis nicht gelten.

—› Klar kann durch das Aufhängen von Nisthilfen in Fichtenmonokulturen die Bestandsdichte des Raufußkauzes angehoben werden. In manchen Teilen Deutschlands wird diese Maßnahme zur Erhaltung des Raufußkauzes auch noch lange Zeit notwendig sein. Eine naturnähere Waldbewirtschaftung wäre allerdings die bessere Lösung. ‹—

Die vier jungen Raufußkäuze haben ihr Nest erst vor Kurzem verlassen. Sie blicken noch ein wenig ängstlich drein.

SPERLINGSKAUZ

DER DRAUFGÄNGER

SPERLINGSKAUZ

DER DRAUFGÄNGER

Der Sperlingskauz ist unsere kleinste heimische Eule. Die Männchen sind kaum großer als ein Spatz (daher der Name), und auch die deutlich größeren und schwereren Weibchen sind kaum starengroß. Dafür aber können sich ihr Mut und ihr Einsatz bei beeindruckenden Flugmanövern und Beutefang problemlos mit den Fähigkeiten der größeren Käuze messen.

Diese Mini-Eule ist ein typischer Bewohner ausgeprägter Nadel- und nadelholzreicher Mischwälder. In Mitteleuropa ist sie in Höhenlagen der Mittelgebirge bis hinauf zur Waldgrenze und in den waldreichen Regionen des Flachlandes inzwischen anzutreffen.

Links: Bei der Nistkastenkontrolle werden die jungen Sperlingskäuze beringt und genauestens untersucht. So ein kleiner Kerl passt bequem in eine Hand.

Rechts: Der Sperlingskauz plustert sein Gefieder auf und stellt den Schwanz nach oben. So erinnert sein Äußeres an einen überdimensionalen Zaunkönig.

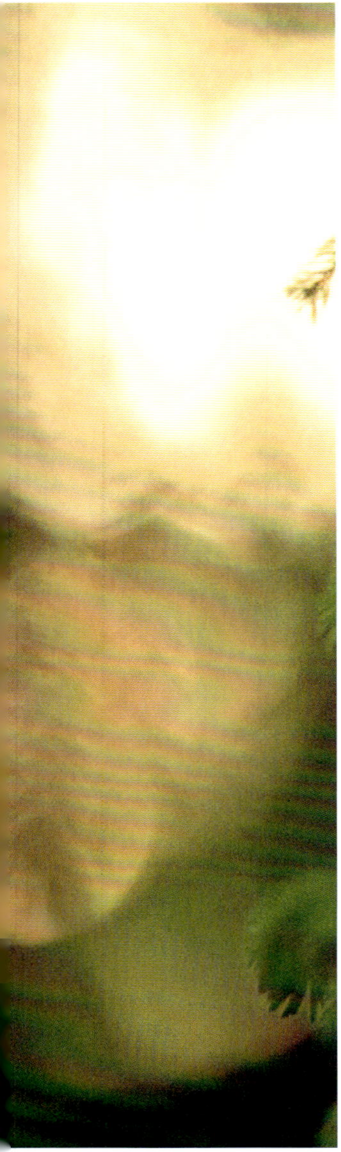

Die Sonne verschwindet hinter dem Horizont. Jetzt werden die Sperlingskäuze wach. Noch schnell eine Gefiederpflege, dann geht es auf die Jagd.

Meine beeindruckendsten Erlebnisse mit dem Sperlingskauz hatte ich vor einigen Jahren in Kärnten. Ein guter Freund, der in dieser Gegend wohnte und mit dem ich in regelmäßigen Abständen telefonierte (natürlich über Vögel), erzählte mir von einer tollen Begegnung mit einem Sperlingskauz in seinem Privatwald. Er hatte bei einem Rundgang auf einmal die Balzrufe eines Sperlingskauzes gehört und machte sich sofort auf die Suche. So einfach war das gar nicht. Als er schon fast aufgeben wollte, entdeckte er eher zufällig einen.

—› Das Männchen streckte seinen Kopf aus dem Einflugloch einer Spechthöhle. Der große dunkelbraune Kopf des Vogels füllte das Einflugloch vollständig aus – eine (fast) perfekte Tarnung. ‹—

Einige Zeit später zeigte sich auch das Weibchen. Angelockt von den Rufen des Männchens hüpfte es immer näher und schließlich folgte es dem Männchen in die Höhle.

Mein Entschluss stand fest: „Ich komme vorbei."

Ein Sperlingskauz brütet etwa 30 Tage. Nach weiteren 30–35 Tagen fliegen die Jungen aus. Mein Freund hatte die balzenden Sperlingskäuze Anfang April beobachtet.

Ich wollte in jedem Fall den Ausflug der Jungen erleben und fotografieren. Mitte Juni packte ich meine Ausrüstung ein. Ab nach Kärnten! Georgs Privatwald liegt fernab jeder Zivilisation in den Bergen und ist nur mit Allrad zu erreichen. Aber wer Käuze fotografieren möchte, den dürfen solche Kleinigkeiten nicht schrecken.

—› „Die Höhle ist übrigens sehr gut einsehbar", wusste der Freund noch zu berichten. „Sie liegt etwa zwei Meter über dem Boden." Ich spürte, wie die Vorfreude in mir hochstieg. Geniale Bedingungen für einen Fotografen! ‹—

Durch das Herbstlaub ist der Sperlingskauz in seinem Tagesversteck hervorragend getarnt.

Links: Argwöhnisch beobachtet der kleine Kerl die Eindringlinge. Der Mensch zählt nicht zu seinen Feinden. Aber das angelegte Gefieder deutet darauf hin, dass wir ihm nicht ganz geheuer sind.

Rechts: Sperlingskäuze sind überwiegend dämmerungsaktiv. Sie finden sich aber auch in der Nacht sehr gut im Geäst zurecht.

Ich parke meinen Pick-up am Waldrand. Georg hat Feuer gefangen. Natürlich begleitet er mich, und so kenne ich dann auch den Weg. Die Höhle liegt im angrenzenden Fichtenwäldchen, nur wenige Schritte vom Waldrand entfernt. Etwa eineinhalb Meter über dem Boden hat sie ein Buntspecht in den Stamm gehämmert. Die Sperlingskäuze sind im Frühjahr als „Nachmieter" eingezogen und haben sofort mit dem Brutgeschäft begonnen. In dieser Höhenlage werden die Fichten nicht so hoch und stark. Darum müssen die Spechte ihre Höhlen im unteren Stammbereich anlegen.

Weit und breit ist nichts von den Sperlingskäuzen zu sehen. Georg hilft mir noch bei der Wahl der besten Fotoposition und gemeinsam entfernen wir störendes Blattwerk und Äste. Grundsätzlich ist es nicht notwendig, für Sperlingskauzfotos ein aufwendiges Fotoversteck anzulegen. Wir Menschen gehören nicht zu seinen Feindbildern. Er ignoriert sie in der Regel völlig.

—› „Hast du alles, was du brauchst? Dann viel Glück", meint Georg und verabschiedet sich. Ich habe für die nächsten Tage alles dabei, und ein bisschen Glück kann nicht schaden. Jetzt richte ich mich erst mal häuslich ein. ‹—

Am späten Nachmittag begibt sich der Sperlingskauz auf die Jagd.

Am späten Nachmittag schaue ich nochmals nach den Käuzen. Sperlingskäuze sind dämmerungsaktiv.Ihr Aktivitätsmaximum liegt in der Morgen- und Abenddämmerung. Das Männchen zumindest müsste doch eigentlich irgendwo stecken. Ich suche die Bäume nochmals akribisch durch das Fernglas ab. Da sitzt der Winzling! Ganz hoch oben auf dem Wipfel einer Fichte, steil aufgerichtet. Er starrt zu mir herunter und dreht dabei seinen Schwanz in alle Richtungen – ein deutliches Anzeichen für höchste Erregung. Hat mich der kleine Kerl entdeckt? Stört es ihn, dass ich in der Nähe seiner Bruthöhle ein paar Äste entfernt habe?

Ich bewege mich ganz vorsichtig in Richtung der Bruthöhle. Der kleine Vogel fliegt auf einen weiter unten liegenden Ast. Er sieht mich mit seinen großen gelben Augen an. Der Schwanz geht unablässig hin und her. Es stimmt wohl: Sperlingskäuze sind nicht scheu, aber meine Anwesenheit lässt ihn nicht unbeteiligt. Werden sie direkt angegriffen, reagieren sie mit Flucht. Um die Jungen in der Bruthöhle zu schützen, werden selbst Feinde wie der Baummarder entschlossen attackiert.

—› Durch mein Fernglas kann ich beobachten, wie das Männchen einen kleinen Vogel, vermutlich eine Tannenmeise, an den Eingang der Bruthöhle bringt. Die Dame des Hauses wartet schon in der Höhle und übernimmt die Beute. ‹—

Sperlingskäuze verbringen den Tag hoch oben im Kronenbereich älterer Bäume. Dort sind sie vor fremden Blicken bestens geschützt.

Zuweilen schauen die kleinen Draufgänger recht grimmig und eigenbrötlerisch drein.

Keinesfalls möchte ich den Vogel beunruhigen und trete den Rückzug an. Dann beobachte ich ihn eben aus größerer Entfernung. Kurz darauf dringen wieder seine leisen Rufe zu mir herüber.

—› Ich verbringe mehrere Tage mit den Sperlingskäuzen in den Bergen. Schnell verlieren sie ihre anfängliche Scheu. Bald kann ich beim Fotografieren auf mein Fotoversteck verzichten. Es stört das Vogelpärchen nicht mehr, wenn ich vorsichtig etwas näher herankomme. Kein Grund, die Flucht zu ergreifen. ‹—

Sperlingskäuze sind mutige, erfolgreiche Jäger. Die tag- und dämmerungsaktiven Vögel orten ihre Beute mit den Augen. Am liebsten fressen sie Mäuse, aber sie erbeuten auch Kleinvögel wie Meisen und Finken. Selbst vor Vögeln, die größer und schwerer sind als sie selbst, schrecken sie nicht zurück. Im Lauf meiner mehrtägigen Beobachtung kann ich beobachten und fotografieren, wie der winzige Sperlingskauz zahlreiche verschiedene Kleinvögel herbeischleppt. Die Übergabe der Beute an das Weibchen findet außerhalb der Bruthöhle statt. Dazu setzt sich das Männchen auf einen benachbarten Baum und lockt das Weibchen aus der Höhle. Sie fliegt zum Beuteübergabeplatz, schnappt sich den Nahrungsbrocken und fliegt damit in die Höhle, um den Happen an die hungrigen Jungen zu verfüttern. Auch Mäuse, Bilche und sogar Ratten sind gelegentlich dabei.

Vögel packt der Sperlingskauz meist im Überraschungsangriff. Zuweilen kommt es aber auch zu Verfolgungsjagden. Sein draufgängerisches Jagdverhalten erinnert an die Jagdmethode des Sperbers.

Links: Sperlingskäuze sind geschickte, wendige Jäger. Auch im dichten Unterholz haben ihre Beutetiere keine Chance.

Rechts: Bei einem Körpergewicht von gerade mal 60 Gramm ist der Mäusefang Hochleistungssport und verlangt den ganzen Körpereinsatz des kleinen Vogels.

Eines Nachmittags ist es dann endlich so weit: Das Weibchen sitzt mit seiner Beute im benachbarten Baum. Eifrig versucht es, mit besonderen Rufen die Jungen aus der Höhle zu locken. Wird es klappen? Da, der erste Jungvogel blickt noch etwas ängstlich aus dem Einflugloch. Es dauert lange, bis er sich traut und der Mutter mit hektischem Flügelschlag entgegenfliegt. Und dann auch noch landen! Er versucht, sich auf einem Ast zu halten, stürzt aber ab, verfängt sich wieder und bleibt auf einem weiter unten hängenden Ast liegen. Auch der zweite Jungvogel erscheint am Höhleneingang, fliegt los, erreicht den Ast der Mutter, hat aber zu viel Schwung und hängt schließlich kopfüber am Ast. Das Schauspiel wiederholt sich noch mehrere Male.

—› Jedes Mal, wenn ein Jungvogel losfliegt, wie ein Bruchpilot im Geäst landet und sich unbeholfen aus einer misslichen Situation befreien muss, kann ich mein Lachen kaum verkneifen. ‹—

Nach vielen Versuchen, halb kletternd, halb fliegend, schaffen es die kleinen Kerle, einen akzeptablen Sitzplatz zu finden. Die Mutter wartet geduldig und verfüttert die Beute an die am nächsten bei ihr sitzenden Kleinen. Das Männchen kommt bereits mit dem nächsten Vogel angeflogen. Geschickt rupft das Weibchen den Leckerbissen und verteilt ihn häppchenweise an die hungrigen Jungvögel

Die Sperlingskauzfamilie hält sich noch einige Tage lang in der Nähe der Bruthöhle auf. In dieser Zeit üben die Jungvögel, wie man fliegt und klettert. Vor mir zeigen sie wenig Scheu, und so gelingen mir viele schöne Aufnahmen.

Seit ein paar Jahren brütet der Sperlingskauz auch auf der Schwäbischen Alb. Ich möchte wissen, wo er gesichtet wurde, und treffe mich mit Peter. Er kann mir viele Neuigkeiten über die kleinen Käuze erzählen. Er hat auch eine Erklärung dafür, warum der Sperlingskauz seit einigen Jahren auf der Schwäbischen Alb brütet. Mit einer verbesserten Waldwirtschaft, so meint er, hat dies nichts zu tun. Im Gegenteil: Da der Sperlingskauz auf Nadelwälder angewiesen ist, hat er in den Buchenwaldgebieten der Schwäbischen Alb eigentlich nichts zu suchen. Erst mit der Anpflanzung standortfremder Fichtenmonokulturen konnte der Sperlingskauz sein Vorkommen ausdehnen und neue Gebiete besiedeln.

Dank hoher Reproduktionsraten in ihrer angestammten Heimat sind die Vögel in der Lage, sich wieder auszubreiten.

Links: Da der Sperlingskauz auch im Winter erfolgreich jagen kann, bleibt er in der Regel das ganze Jahr über in seinem Brutrevier.

Rechts: Sein aufgeplustertes Gefieder schützt den Sperlingskauz auch in strengeren Wintern vor der Kälte.

—› „Männliche Sperlingskäuze sind in nahrungsreichen Jahren sogar in der Lage, mehrere Weibchen mit Nahrung zu versorgen", erzählt Peter. ‹—

„In einem konkreten Fall, den ich schon vor Jahrzehnten im Schwarzwald recherchierte, hat sich ein Männchen gleich mit drei Weibchen verpaart. Wir konnten das mithilfe von drei Beobachtern über die Ermittlung der genauen Fütterungszeiten an den Brutplätzen während der gesamten Brutzeit und der Jungenaufzucht nachweisen. Das Männchen hat alle drei Weibchen, die völlig allein für das Brutgeschäft zuständig sind, mit Nahrung versorgt. Zudem haben die Beobachtungen an den Nistplätzen gezeigt, dass die Weibchen zeitlich versetzt mit dem Brutgeschäft begannen. Das Weibchen, das als Erstes mit dem Brutgeschäft begann, wurde von dem Männchen am besten versorgt. Es konnte, zusammen mit dem Männchen, sechs Jungvögel großziehen. Das Weibchen, das als Zweites mit der Brut begann, konnte immerhin noch drei Jungvögel aufziehen, während vom dritten Weibchen nur zwei Jungvögel groß wurden."

So ein Glücksfall ist natürlich nur möglich, wenn genügend Beute zur Verfügung steht.

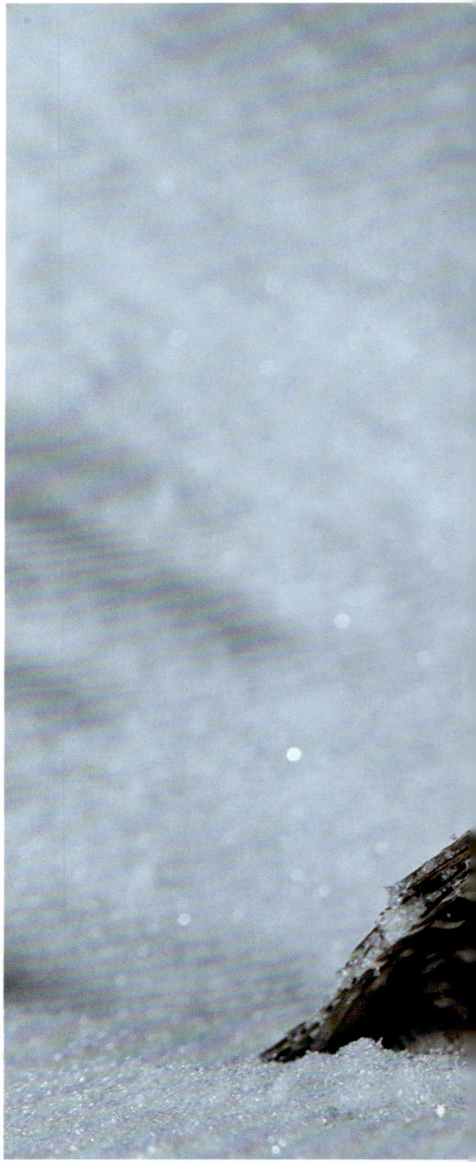

Wenn der Schnee lange hoch liegt, werden die Jagdbedingungen schwierig. Gut, wer in dieser Zeit auf ein gefülltes Nahrungsdepot zurückgreifen kann.

HABICHTSKAUZ

AUCH TAGS ZU SEHEN

HABICHTSKAUZ

AUCH TAGS ZU SEHEN

Der Habichtskauz ähnelt auf den ersten Blick dem Waldkauz. Er ist aber bedeutend größer und wesentlich kontrastreicher gefärbt. In den borealen Wäldern Nordeuropas ist er überall verbreitet. Einzelne Bestände finden sich auch in den Gebirgsregionen Rumäniens und der Slowakei, der Karpaten und teilweise in Regionen des Balkan. In Deutschland und Österreich ist der Habichtskauz bereits vor Jahrzehnten ausgestorben. Inzwischen laufen aber im Bayrischen Wald sowie im Wienerwald vielversprechende Wiederansiedlungsversuche.

Vor einigen Jahren erhielt ich einen Anruf von Jörg, mit dem ich schon mehrfach zusammen gearbeitet hatte. Er lud mich ein, zu ihm in den Bayerischen Wald zu kommen. Er wollte mir das dort laufende Wiederansiedlungsprojekt von Habichtskäuzen vorführen. Da ließ ich mich natürlich nicht lange bitten, denn die Möglichkeit, einen wild lebenden Habichtskauz in Deutschland sehen und vielleicht sogar fotografieren zu dürfen, erhält man schließlich nicht alle Tage!

Während der Brutzeit sitzt der männliche Habichtskauz meist in der Nähe der Bruthöhle. Die Mittagssonne lädt zum Dösen ein.

Jörg erwartete mich am Infozentrum des Nationalparks. Wir fuhren gleich ins erste zukünftige Habichtskauz-Revier. Es lag in einem von alten Fichten dominierten Mischwald. Das Waldstück lag an einem leicht geneigten Südhang. Die Fichten, Tannen und Buchen standen nicht zu dicht. Direkt daran grenzte ein Bereich, der vor mehreren Jahren dem Sturm zum Opfer gefallen war. Der Jungwuchs entwickelte sich erst allmählich und die Fläche war noch ziemlich licht. Einzelne abgebrochene Stämme ragten mehr oder weniger hoch aus der Fläche heraus und gaben dem Areal ein wildes Aussehen.

„Das Waldgebiet ist wie geschaffen für den Habichtskauz", musste ich zugeben. „Hier müsste die Auswilderung wirklich gelingen." Jörg freute sich über meine Zustimmung. „Eigentlich fehlen nur noch genügend geeignete Höhlenbäume. In den heutigen Wirtschaftswäldern gibt es einfach zu wenig Naturhöhlen, die so groß sind, dass ein Habichtskauz darin Platz findet."

Links: Wie von einer Schnur gezogen gleitet der Kauz von seiner Ansitzwarte hinab direkt auf die Maus zu.

Rechts: Die Flügel nach hinten gelegt – die Krallen weit nach vorn gestreckt. So stürzt sich ein Habichtskauz auf seine Beute.

Da der Habichtskauz auch künstliche Nisthilfen annimmt, streiften wir durch das Revier und besprachen, wie Nisthilfen am besten auszustatten wären und an welchen Stellen man sie am sinnvollsten aufhängen könnte. Denn selbst hier in einem Nationalpark würde es noch eine ganze Weile dauern, bis die Bäume so alt und dick wären, dass sich darin Höhlen entwickeln können, die für den Habichtskauz passten.

In den potenziellen Auswilderungsgebieten wollten wir uns aber nicht nur auf das Aufhängen von Nisthilfen verlassen. Besser wäre es der Habichtskauz würde Reviere mit möglichst natürlichen Nistplätzen vorfinden. Hierfür kommen auch große Greifvogelhorste — von denen es nur wenige gibt – oder geschützte Bereiche an den von den Stürmen abgerissenen Stämmen infrage. Die Sache interessierte mich mehr und mehr. „Man könnte da doch etwas nachhelfen", dachte ich bei mir und nahm mir ein paar Tage Zeit, um geeignete Windbruchbäume zu finden.

—› Unterstützt von erfahrenen Forstarbeitern, mit Hilfe einer Kletterausrüstung und einer sehr langen Leiter, kletterten wir hinauf. Ganz oben, im zerborstenen Bereich der Stämme, schufen wir unter Zuhilfenahme von Ästen und Zweigen große geschützte flache Mulden, wie sie aus unserer Sicht als Brutstätten für den Habichtskauz geeignet waren. Ähnlich sehen die Naturbrutplätze in Skandinavien und Osteuropa aus: der Kauz thront mit seinen Jungen direkt oben auf dem abgebrochenen Stamm. ‹—

Blickt der Habichtskauz nun weise oder einfach nur verschlafen drein? Für eine Eule sind seine Augen jedenfalls außergewöhnlich klein.

Für den Rückgang der Habichtskauz-Bestände in Europa ist in erster Linie die Zerstörung der Lebensräume verantwortlich. Insbesondere in Osteuropa, wo noch große intakte Bestände vorkommen, musste ich mit eigenen Augen sehen, wie die Wälder in einer bislang nicht gekannten Brutalität ausgebeutet werden. Alte Bäume werden systematisch abgeholzt und die nachwachsenden Bäume dürfen gar nicht mehr so alt werden, dass sie als Brutbäume für den Habichtskauz taugen könnten.

Während der Aufzucht streicht der Habichtskauz lautlos durchs Geäst, immer auf der Suche nach Nahrung! Die Jungen haben einen gesegneten Appetit.

Aber auch die finnischen und die russischen Nadelwaldgebiete werden inzwischen so umfassend ausgebeutet, dass geeignete Höhlenbäume oft nur noch in den wenigen intakten Wäldern der Nationalparks vorkommen. Zwar verbessern groß angelegte Kahlschläge das Nahrungsangebot, doch kann sich der Habichtskauz auch dort nur halten, wenn ihm ausreichend Nistkästen zur Verfügung stehen. Nur in den riesigen Weiten Russland ist die Lage vielerorts noch besser.

Einige Jahre später meldet sich Jörg und erzählt mir von seinen Erfolgen bei der Auswilderung seiner Habichtskäuze. Inzwischen sind einige Reviere besetzt. Die ausgewilderten Tiere brüten in mehreren Brutpaaren in den aufgehängten Nistkästen. Darüber hinaus gibt es aber auch Brutversuche in Windbruchbäumen. Da die ausgewilderten Tiere oft nur wenig Scheu zeigen, fahre ich erneut in den Bayerischen Wald und lasse mir von Jörg ein Revier zeigen, in dem die tag- und dämmerungsaktiven Eulen besonders gut zu sehen sind. Und tatsächlich: Schon kurz nach unserer Ankunft entdecken wir den Kauz am Stamm einer hohen Buche. „Gleich dort drüben hängt der Nistkasten. Da sitzt das Weibchen drin und passt auf den Nachwuchs auf. Ich denke, die beiden haben inzwischen Junge", flüsterte mir Jörg zu. Dann muss der vor uns auf dem Baum sitzende Habichtskauz also das Männchen sein.

Links: Traute Zweisamkeit am Eingang des Nistkastens. Geduldig warten die Jungen auf den nächsten Futterhappen.

Rechts: Volle Deckung! Solange man nicht weiß, wer da draußen sein Unwesen treibt, bringt man sich besser in Sicherheit.

89
WORLD WILDLIFE FUND
WWF

Links: Der Habichtskauz brütet nicht nur in natürlichen Baumhöhlen und künstlichen Nisthilfen. Wenn möglich bezieht er auch verlassene Greifvogelhorste.

Rechts: Bei Gefahr drückt sich das Weibchen tief ins Nest und ist dadurch kaum mehr zu sehen.

Obwohl die Sonne noch hoch am Himmel steht, scheint der Habichtskauz hellwach zu sein. Die kleinen dunklen Augen blicken neugierig zu uns herüber. Und mit dem markanten, beinahe herzförmigen Gesichtsschleier, der sich deutlich vom übrigen Kopf absetzt, macht er auf mich einen aufgeweckten Eindruck. Er bewacht aufmerksam seinen Nachwuchs und wirkt auf uns, als wäre er bereit, die Jungen – wenn nötig –entschlossen zu verteidigen.

—› Wenn es nicht gerade auf der Jagd ist, sitzt das Männchen stets in Sichtweite des Brutplatzes. ‹—

Habichtskäuze sind dafür bekannt, dass sie während der Brutzeit ihr Revier sowohl gegen Artgenossen, als auch gegen Eindringliche furchtlos verteidigen. Auch gegenüber dem Menschen haben sie oft nur eine geringe Fluchtdistanz.

Dies bestätigt sich, als ich mich dem Männchen auf Fotoentfernung nähere und einige Porträtaufnahmen mache.

Mit Porträts allein möchte ich mich aber nicht zufriedengeben. Ich möchte auch Jagdaufnahmen haben. Dies ist während der Jungenaufzucht, wenn das Männchen allein die vielen hungrigen Schnäbel im Inneren des Nistkastens, stopfen muss, am leichtesten möglich. In dieser Zeit jagt das Männchen auch am Tag aktiv.

Um den Habichtskauz bei der Jagd fotografieren zu können, möchte ich dem Männchen in Sichtweite seines Tagesverstecks tote Mäuse anbieten. Mäuse gehören zu seinen häufigsten Beutetieren. Und da ausgewilderte Habichtskäuze, im Gegensatz zu ihren gänzlich wilden Artgenossen, auch noch auf tote Beutetiere fixiert sind, hoffe ich, dass er die von mir angebotene Nahrung als solche erkennen und abholen wird.

Wann wagt sich die nächste Maus aus ihrem Loch? Gespannt wartet der Habichtskauz auf seiner Warte und inspiziert die Umgebung.

Als ich am späten Nachmittag das Revier des Habichtskauzes betrete, sitzt er wieder am selben Platz wie beim letzten Mal. Auch heute lässt mich der Kauz keine Sekunde aus den Augen. Ich suche einen geeigneten Platz, auf dem ich die tote Maus ablegen kann, und entscheide mich schließlich für einen alten Baumstumpf. Dieser ist von der Warte des Kauzes aus gut zu sehen und ermöglicht ihm einen freien Anflug. Ich stelle die Kamera schussbereit ein und lege die tote Maus auf den Stumpf. Der Habichtskauz versteht mein Angebot sofort. Von einer Sekunde auf die andere ist er quicklebendig. Neugierig wendet er sich der Maus zu, trippelt auf seinem Ast etwas näher heran, streckt und duckt sich immer wieder, als könne er dadurch besser sehen. Dann fliegt er los, hält direkt auf die Maus zu, dreht ab und landet auf einem anderen Ast. Zurück auf Los. Der Habichtskauz würde die Maus zwar gern holen, traut sich aber offensichtlich nicht so recht. Irgendetwas scheint ihm nicht geheuer zu sein. Dann aber siegt die Jagdlust.

—› Mit weit geöffneten Flügeln gleitet der große Vogel völlig lautlos und mit nach vorn gestreckten Beinen auf den Baumstumpf zu und packt die Maus, ohne zu landen, mit seinen messerscharfen Krallen. Mit der Beute in den Fängen fliegt er zurück auf seinen Ast und macht sich auf der Stelle daran, seine Mahlzeit zu verschlingen. ‹—

Zielstrebig wird der Baumstumpf angeflogen, auf dem meine Maus liegt.

Links: Ungeduldig warten die immer hungrigen Jungen im Nest. Wann kommt die Mutter endlich?

Rechts: Mit der Maus in den Fängen geht es direkt zum Beuteübergabeplatz. Das Weibchen wartet schon ungeduldig.

Nach einigem Zögern wagt er dann doch den zweiten Versuch: „Das hat prima geklappt", denke ich mir und lege eine zweite Maus auf den Baumstumpf. Diesmal geht es schon wesentlich schneller: Fast ohne zu zögern fliegt das Männchen wie mit einer Schnur gezogen auf den Baumstumpf zu, schnappt sich die Maus genauso zielsicher und fliegt lautlos, wie er gekommen ist, davon. Ich kann nicht sehen, wohin er geflogen ist, denke aber, dass er die Maus in einem Nahrungsdepot verstaut hat. Wenige Minuten später ist er auch schon wieder da, setzt sich auf den altbewährten Ast und nimmt den Baumstumpf ins Visier. Dann blickt er zu mir herüber, als wolle er sagen: „Wo ist die nächste Maus?" „Okay", sage ich mir. „Eine habe ich noch." Also lege ich die letzte Maus auf den Baumstumpf. Diesmal fliegt der Habichtskauz bereits los, noch bevor ich den Fotoapparat erreiche.

Ein Habichtskauz belauert seine nächste Beute.

Angespornt von den vielversprechenden Fotos, die mir gleich am ersten Tag geglückt sind, baue ich dieses Motiv in den nächsten Tagen immer weiter aus. Dies geht so weit, dass ich den Anflug der Eule an die Maus schließlich sogar mit mehreren Kameras gleichzeitig fotografieren und filmen kann.

Als ich etwa vier Wochen später wieder in den Bayerischen Wald fahre, haben die jungen Habichtskäuze ihren Nistkasten verlassen. Ich finde einen etwa fünf Wochen alten Jungvogel etwas unbeholfen auf einem niedrigen Ast sitzen. Als ich mich nähere, springt der Kleine ängstlich flatternd vom Ast und versucht zu Fuß zu entkommen.

—› Da die noch flugunfähigen Ästlinge auf dem Waldboden zahlreichen Gefahren ausgesetzt sind, versuchen sie möglichst schnell in die schützenden Baumkronen zu gelangen. Dabei klettern sie mit ihren scharfen Krallen flügelschlagend unter Zuhilfenahme ihres Schnabels den Stamm hinauf. ‹—

Ich finde noch zwei weitere Jungvögel hoch oben in den Baumkronen sitzend. Im Schutz der Krone kann ich die Tiere aber schlecht fotografieren. Aber ich bin mit meiner Ausbeute sehr zufrieden. Mein Projekt Habichtskauz war sehr erfolgreich …

Wieder und wieder greift die Eule erfolgreich nach den angebotenen Mäusen. Mit der Zeit verliert sie dabei jegliche Scheu.

BARTKAUZ

DER COOLE AUS DEM NORDEN

BARTKAUZ

DER COOLE AUS DEM NORDEN

Einen Bartkauz in freier Natur beobachten und fotografieren zu können, war schon lange mein großer Wunsch. Dieser Kauz ist mit Abstand der größte Vertreter der Käuze. Er erreicht fast die Größe eines Uhus, ist aber wesentlich leichter. Vom Aussehen her ist er einfach unverwechselbar. Der graubraun gefärbte Vogel hat einen fast runden Gesichtsschleier, der sich durch seinen dunkelbraunen Rand deutlich vom restlichen Körper absetzt. Dem tiefschwarzen Bereich unterhalb des Schnabels verdankt er seinen Namen: Bartkauz. Zwischen den verhältnismäßig kleinen, leuchtend gelben Augen bilden zwei weiße Federsäume die Form eines X.

Einen Bartkauz in freier Wildbahn sehen und fotografieren zu dürfen, gehört zu den eindrucksvollsten Erlebnissen im Leben eines Tierfotografen.

Eines Tages erhielt ich eine Einladung zu einer Eulentagung nach Finnland. Das war die Chance. Wo, wenn nicht dort, würde es mir endlich gelingen, diese ganz besondere Eule zu fotografieren. Der Bartkauz ist in der gesamten Arktis verbreitet, wobei es sich in Nordamerika um eine andere Unterart handelt. Sicherlich würde ich bei der Tagung in Finnland viele Fachleute treffen, die mir Tipps geben würden, wann und wo ich Bartkäuzen begegnen könnte. Frohgemut packte ich meine Fotoausrüstung zusammen. Ab nach Finnland. Die Erfüllung meines Wunsches war greifbar nah.

Bartkäuze brüten in Europa im Bereich der borealen Nadelwälder im hohen Norden.

—› Die Eulentagung fand Anfang Juni statt. Nach meinen Recherchen müssten die Bartkäuze zu dieser Zeit ihre Jungen haben – ideale Bedingungen also! ‹—

Der Bartkauz ist wegen seiner Größe und seines markanten Gesichts mit keiner anderen Eule zu verwechseln.

Schnell kam ich mit verschiedenen finnischen Eulenexperten ins Gespräch. Was vielversprechend begann, endete rasch in Ernüchterung: Wie sich herausstellte, hatte ich ein miserables Jahr erwischt. Es gab fast keine Mäuse und auch Lemminge waren überaus rar. Und da Mäuse und Lemminge zur Hauptnahrung dieser großen Eulen gehören, hatten viele Bartkauzpaare erst gar nicht mit dem Brutgeschäft begonnen. Andere wiederum hatten angefangen, konnten aber ihre Jungen wegen des Nahrungsmangels nicht erfolgreich aufziehen. Ich war also umsonst nach Finnland gefahren, so schien es.

Erst am letzten Tag kam ich mit einem Finnen ins Gespräch. Ich berichtete ihm mutlos von meinem gescheiterten Plan, hier endlich einen Bartkauz aufs Bild zu bannen. Er dachte kurz nach:

—› „Ich glaube, ich habe vorgestern lebende Jungvögel gesehen. Allerdings waren auch sie in einem erbärmlichen Zustand." Jetzt oder nie, sagte ich mir. „Kannst du mir den Brutplatz zeigen?" ‹—

Wir fuhren weit hinaus in die Taiga. Vor einem kleinen Kiefernwäldchen hielten wir endlich an. Der Mann führte mich in den Wald und zeigte mir einen verlassenen Habichtshorst in etwa zehn Meter Höhe. In diesem Horst hatte das Weibchen in diesem Jahr gebrütet. Die Jungen schienen das Nest aber bereits verlassen zu haben.

Wir begannen mit der Suche nach den Jungvögeln und fanden schließlich drei kleine Kerle, die einen völlig ausgehungerten Eindruck machten. Die Jungen saßen am Rand des Kiefernwaldes auf dem Boden und im niedrigen Gebüsch. Sie schienen das Nest gerade erst verlassen zu haben und waren in diesem Stadium, genau wie die Jungen eines Waldkauzes, noch nicht flugfähig. Wir näherten uns sehr vorsichtig. Bartkauzeltern sind in der Nähe ihres Nestes angriffslustig und verteidigen ihre Jungen entschieden gegen Feinde und Eindringlinge.

Zielsicher stößt der Kauz auf der Jagd nach der Maus ins dichte Heidekraut.

Beim Beobachten der kleinen Federknäuel sahen wir, dass sie schon recht geschickt klettern konnten. Sie erklommen behände mithilfe ihrer scharfen Krallen und dem spitzen Schnabel, unterstützt von Flügelschlägen die Büsche und Bäume. Manchmal sahen sie dabei wirklich urkomisch aus: Mal rutschte einer ab und landete wieder auf dem Boden, mal hing einer in Fledermausmanier verkehrt am Ast und versuchte flügelschlagend wieder nach oben zu kommen.

Von den Altvögeln war zunächst nichts zu sehen. Erst nach mehreren Stunden kam das Weibchen mit einer jungen Drossel angeflogen. Kaum war es neben einem der Jungvögel gelandet, kam Leben in die kleinen Kerle.

—› Jeder wollte der Glückliche sein, dem die Mutter das Beutetier in den aufgerissenen Schlund stopft. ‹—

Das Weibchen hatte uns genau gesehen. Es zeigte uns gegenüber keinerlei Aggression. Wie auch, es hatte genug zu tun, Fressen für die Kleinen herbeizuschaffen. Es gönnte sich nur eine kurze Pause und flog wieder davon.

Die Jungkäuze sind in einem schlechten Zustand und rufen laut nach ihrer Mutter. Gierig schlingen sie dann die Mäuse an einem Stück hinunter.

Normalerweise wird die Familie zur Zeit der Jungenaufzucht allein vom Männchen versorgt. Das Weibchen wacht über den Nachwuchs. In nahrungsarmen Jahren geht es aber wohl nicht anders. Auch das Weibchen muss sich an der Nahrungssuche beteiligen und die Jungen sich selbst überlassen.

Bei genauer Betrachtung standen die drei Jungvögel tatsächlich nicht wirklich gut im Futter. Würden sie verhungern, wäre das ein herber Schlag für den bedrohten Bestand und die nächste Generation. Dass dann aus meinen Bartkauzfotos nichts werden würde, könnte ich verkraften.

—› Wie könnte ich der Bartkauzfamilie helfen? Auf der Rückfahrt kam mir ein Gedanke. Wenn ich genügend lebende Mäuse hätte, die ich den Eltern anbieten könnte, würde dies den Jungen mit Sicherheit über den Berg helfen, und ich hätte gleichzeitig eine Möglichkeit, die Altvögel beim Fang der Mäuse fotografieren zu können. ‹—

Selbst zum Jagen bleibt das Weibchen stets in der Nähe und lässt die Jungen nicht aus den Augen.

Mein finnischer Kollege hatte inzwischen Feuer gefangen. Er kannte eine Scheune, in der es angeblich von Mäusen nur so wimmelte. Wir kauften also mehrere Lebendfallen und stellten sie in der Feldscheune auf. Am nächsten Tag befanden sich bereits vier Mäuse in den Fallen. Mit diesen Mäusen fuhr ich zu den Käuzen. Dort richtete ich am Rand des Wäldchens die Futterstelle ein.

—› Ich setzte die Mäuse in eine große Wanne, aus der sie nicht entkommen konnten. Nicht weit von mir saß die Bartkauzmutter auf einem Baum. Sie ließ mich nicht aus den Augen und beobachtete genau, was da vorging. ‹—

Bartkäuze haben keine Scheu vor dem Menschen. Im Gegenteil: Um ihre Jungen vor Feinden zu schützen, kommt es immer wieder vor, dass sie angreifen, wenn sich jemand den Jungen nähert.

Gut sichtbar setzte ich eine Maus nach der anderen in die Wanne. Der Bartkauz beäugte jede meiner Bewegungen in höchster Erregung. Ich trat den Rückzug an. Sofort flog die Eule näher heran. Kein Zweifel: Sie hatte die Mäuse entdeckt und wollte sie unbedingt haben! Zielsicher flog sie auf die Wanne zu, stieß kurz nach unten und kam mit einer Maus in den Fängen wieder heraus. Die frisch getötete Maus brachte sie direkt zu einem ihrer hungrigen Jungen. Dann kam sie ein zweites Mal, holte die nächste Maus und verfütterte sie an den nächsten Jungvogel. Dieses Spiel wiederholte sich, bis alle Mäuse weg waren. Für sie selbst blieb keine Maus mehr übrig.

Mit weit ausgebreiteten Flügeln fliegt das Bartkauz-Weibchen schnurstracks auf die ihr angebotene Maus zu.

Ich war hocherfreut. Mit diesem schnellen Erfolg hätte ich nicht gerechnet.

Am nächsten Tag wollte ich das Schauspiel fotografieren. Ich setzte die erste Maus, die mir heute in die Falle gegangen war, auf einen Baumstumpf. Das Bartkauzweibchen hatte mich bereits erwartet. Es kam sofort angeflogen und packte sich die Maus, ohne zu zögern. Von mir nahm es keinerlei Notiz mehr, obwohl ich mit gezückter Kamera, nur wenige Meter entfernt, ohne jede Deckung im Heidekraut saß und das Schauspiel fotografierte. Nachdem es die Maus zerteilt und unzerteilt an einen hungrigen Jungvogel verfüttert hatte, kam es wieder angeflogen und setzte sich unwewit des Baumstumpfs auf einen Ast. Ich nahm die zweite Maus aus dem Käfig und setzte sie auf den Baumstumpf. Kaum hatte ich wieder meine Fotoposition eingenommen, kam die Eule auch schon angeflogen. Vor ihren messerscharfen Krallen gab es kein Entrinnen. Mein Plan klappte vorzüglich!

Links: Dieser Kauz säubert seine Zehen nach der Jagd und Nahrungsaufnahme.

Rechts: Die Maus wird zum erstbesten Jungvogel gebracht. Dieser verschluckt die Maus am Stück.

Tags darauf saß die Bartkauzmutter bereits wartend in der Nähe des Baumstumpfs. Mit jeder Maus, die sie erbeutete, konnte ich mich näher an den Baumstumpf heranwagen. Nach ein paar Tagen konnte ich sogar mit dem Weitwinkelobjektiv fotografieren.

Und doch war ich noch nicht ganz zufrieden. Ich wollte gern einmal eine Nacht zusammen mit den Bartkäuzen verbringen. Hier oben im Norden wird es im Sommer niemals dunkel. Trotzdem sind die Bartkäuze in den Abend- und Nachtstunden besonders aktiv.

—› Ich saß im Heidekraut und beobachtete die Jungen bei ihren ersten Flugübungen. Es war einfach urkomisch, wenn sie bei ihren Flugübungen abstürzten und dann unbeholfen, aber unermüdlich wieder auf den Baum kletterten. ‹—

Tag für Tag werden der Bartkauz und ich vertrauter. Kaum habe ich die Maus ausgelegt, holt er sie auch schon ab.

Links: Im Lauf der Zeit kann ich ihn beim Beutefang sogar mit dem Weitwinkelobjektiv fotografieren.

Rechts: Bartkäuze sind ausgesprochen standorttreu.

Das Bartkauzmännchen fliegt lautlos herbei. Tatsächlich, es hat einen Lemming erbeutet. Laut rufend landet es auf einem Baum. Das Weibchen fliegt zu ihm, nimmt den erbeuteten Lemming und fliegt damit direkt zum nächsten Jungvogel. Die Jungen sind inzwischen so groß, dass sie die Beute allein, ohne die Hilfe der Mutter verschlingen können. Dank meiner Zusatzfütterung sind sie inzwischen gut genährt und scheinen offensichtlich über dem Berg zu sein. In dieser Nacht kommt das Männchen noch mehrmals mit Beute vorbei. Das Weibchen übernimmt ein Beutetier nach dem anderen und verfüttert die Leckerbissen reihum an den Nachwuchs. Zwischendurch fliegt es auch auf die Jagd. Aber es unternimmt keine ausgedehnten Beutezüge mehr. Lieber bleibt es in der Nähe und verliert die Jungen niemals aus den Augen.

Inzwischen hat mein finnischer Begleiter dafür gesorgt, dass mein erfolgreiches Bartkauzabenteuer bei den Kollegen die Runde macht. Erste Naturfotografen reisen an und wollen fotografieren, wie das Bartkauzweibchen Mäuse fängt und an die Jungen verfüttert. Auch ein finnisches Fernsehteam meldet sich an und filmt einen Tag lang bei Familie Bartkauz.

—› Ich selbst blieb drei Wochen bei den Bartkäuzen. In dieser Zeit konnte ich mitverfolgen, wie sich die Jungen von unbeholfenen Fußgängern zu geschickten Fliegern entwickelten. ‹—

Die jungen Bartkäuze werden noch eine ganze Weile von ihren Eltern versorgt. Erst im Herbst, wenn sie sich selbst mit Nahrung versorgen können, lösen sich die Familienbande und die Jungen verlassen das elterliche Revier.

Links: Bei der Jagd im Tiefschnee kann sich der Bartkauz ganz auf sein feines Gehör verlassen.

Rechts: Er hat seine Beute entdeckt. Ohne Zögern, stößt der Bartkauz zielsicher in den Schnee. Geschafft. Die Jagd war ein voller Erfolg.

FOTOGRAFEN, AUTOREN ... UND KÄUZE

—› *Torsten Pröhl*

In den 80er Jahren durfte ich — damals noch im »Westfernsehen«— die Serie »Unternehmen Arche Noah« von und mit Georg von Rönn anschauen. Gebannt verfolgte ich als Jugendlicher jede einzelne Folge und erfuhr dadurch von der Bedrohung des Steinkauzes. Das war der Anfang. Gemeinsam mit einem Freund baute ich die ersten Steinkauzniströhren. Wir hatten nämlich herausgefunden, dass in unserem Landkreis noch eine kleine Restpopulation des Steinkauzes vorkam. So entstand meine Leidenschaft für alle Eulen. Sie hält bis heute an. Leider ist der Steinkauz in meiner Heimat mittlerweile ausgestorben.

—› *Dietmar Nill*

Mein »Kauz« ist der Sperlingskauz. Er fasziniert mich seit Jahren. Vielleicht weil er so klein ist und so ein großes Herz hat. Und er ist mutig. Er nimmt es bei der Jagd mit Vögeln auf, die so groß sind wie er selbst.

—› *Bernhard Ziegler*

Für mich ist der Waldkauz besonders wichtig. Diesem Vogel fühle ich mich durch zahlreiche Beobachtungen und Erlebnisse sehr verbunden. Als ich etwa 12 Jahre alt war, durfte ich bei der Aufzucht eines Waldkauz-Findelkindes mithelfen. Das drollige Federknäuel mit seinen großen Augen hat mich schon damals fasziniert. Ein paar Jahre später habe ich einen Waldkauz-Brutplatz in einer alten ausgefaulten Buche entdeckt. Dort konnte ich den Vogel über Jahre hinweg regelmäßig tagsüber und in der Dämmerung beobachten. Damals entstanden meine ersten Kauzbilder.

—›

—›

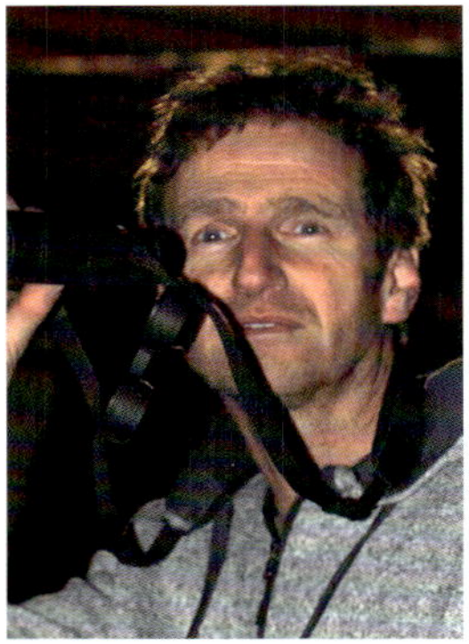

—›

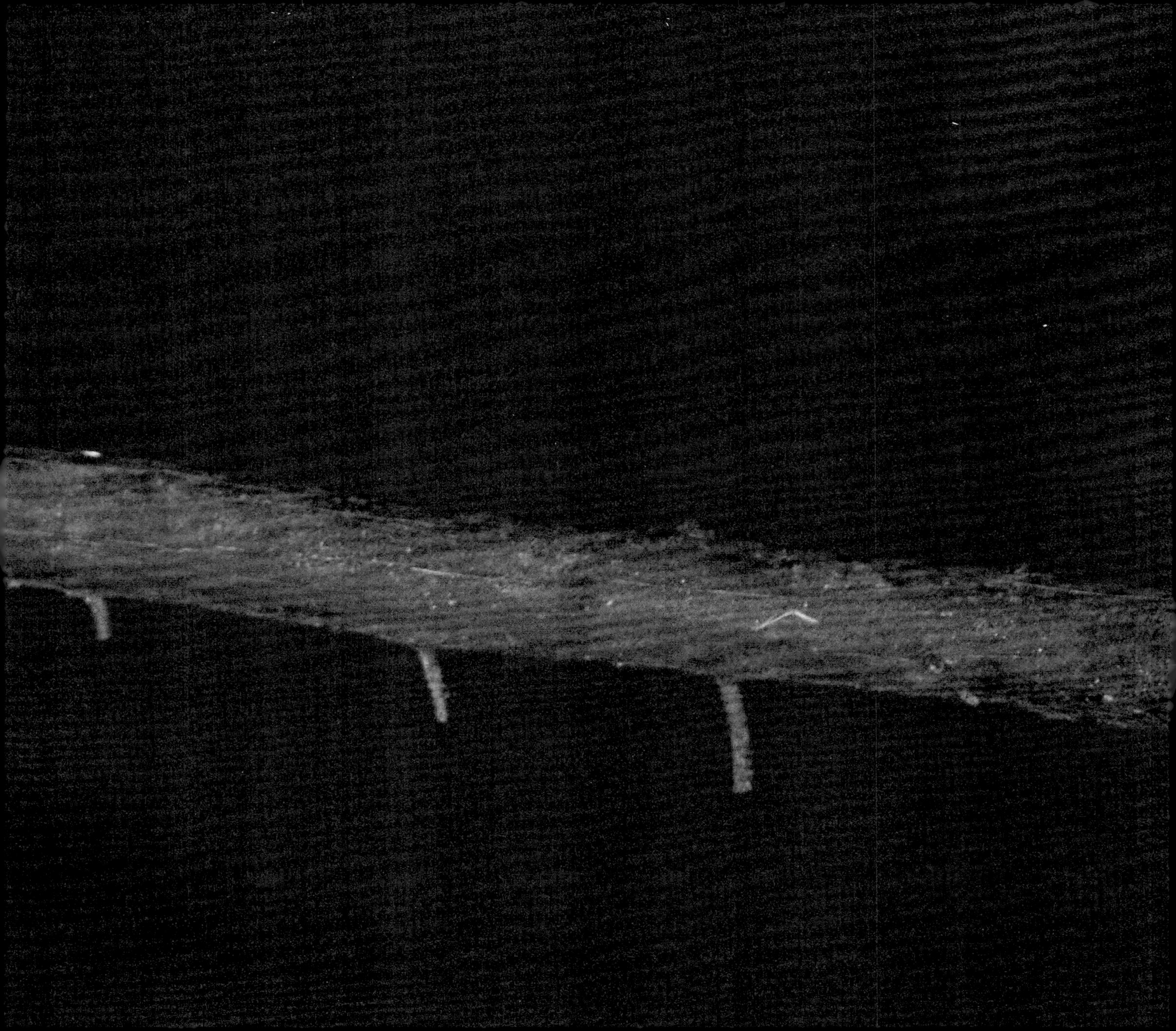

Mit 104 Farbfotos. Alle Fotos von den Autoren und von Eckhard Mestel/
Frank Hecker (Seite 73) und Christoph Moning (Seite 74).

Umschlaggestaltung von Populärgrafik unter Verwendung eines Fotos
von Dietmar Nill. Es zeigt zwei Steinkäuze
Foto auf der Rückseite von Torsten Pröhl. Es zeigt junge Waldkäuze

FSC
www.fsc.org
MIX
Papier aus verantwortungsvollen Quellen
FSC® C004592

Gedruckt auf chlorfrei gebleichtem Papier

ISBN 978-3-440-15292-8
Redaktion: Monika Weymann
Produktion: Markus Schärtlein
Druck und Bindung: Firmengruppe Appl, aprinta Druck, Wemding
Printed in Germany / Imprimé en Allemagne